Daniele Lupardi

Zur Bedeutung, Zielsetzung und Realisierung der Umwelterziehung und Umweltbildung im Geographieunterricht an Realschulen

GRIN Verlag

Bibliografische Information der Deutschen Nationalbibliothek:

Die Deutsche Bibliothek verzeichnet diese Publikation in der Deutschen National-
bibliografie; detaillierte bibliografische Daten sind im Internet über http://dnb.d-
nb.de/ abrufbar.

Impressum:

Copyright © 2006 GRIN Verlag GmbH
Druck und Bindung: Books on Demand GmbH, Norderstedt Germany
ISBN: 978-3-638-79332-2

Dieses Buch bei GRIN:

http://www.grin.com/de/e-book/69936/zur-bedeutung-zielsetzung-und-realisierung-
der-umwelterziehung-und-umweltbildung

GRIN - Your knowledge has value

Der GRIN Verlag publiziert seit 1998 wissenschaftliche Arbeiten von Studenten, Hochschullehrern und anderen Akademikern als eBook und gedrucktes Buch. Die Verlagswebsite www.grin.com ist die ideale Plattform zur Veröffentlichung von Hausarbeiten, Abschlussarbeiten, wissenschaftlichen Aufsätzen, Dissertationen und Fachbüchern.

Besuchen Sie uns im Internet:

http://www.grin.com/

http://www.facebook.com/grincom

http://www.twitter.com/grin_com

Pädagogische Hochschule Weingarten

Zur Bedeutung, Zielsetzung und Realisierung der Umwelterziehung und Umweltbildung im Geographieunterricht an Realschulen

Daniele Lupardi

Weingarten (Württemberg),

im Mai 2006

I

Angesichts der Gegebenheit, dass der Mensch in seiner Wesenheit als zoon politikon im aristotelischen Sinne, ohne mit der ihn umgebenden Welt in Dialog zu treten und den Versuch zu unternehmen, sie erfassen zu wollen, zu leben nicht befähigt sein kann, und da er gerade diese seine Umwelt zunehmend gefährdet, sich somit selbst die Grundlage seines Menschseinkönnens zu entziehen droht, soll in folgendem Aufsatz die Frage erörtert werden, welchen Stellenwert die Umwelterziehung und Umweltbildung für Kinder und Jugendliche im Geographieunterricht unweigerlich einnehmen muss.

Zunächst erscheint es mir als sinnvoll hervorzuheben, dass der Begriff der Umwelterziehung losgelöst von dem der Umweltbildung nicht denkbar sein kann und darf. Klafki definiert einen kategorialen Begriff von Bildung als den Zustand, bei dem „[...] sich dem Menschen seine Wirklichkeit kategorial erschlossen hat, und dass eben damit er selbst dank der selbst vollzogenen kategorialen Einsichten, Erfahrungen, Erlebnisse für diese Wirklichkeit erschlossen ist"[1]. Da Bildung als die „wachsende Teilhabe an der Kultur"[2] mit dem Ziel einer durch Werte geleiteten einträchtigen Persönlichkeit verstanden wird, ist ihr in der Schule höchste Priorität einzuräumen.

Das Fach Geographie hat eo ipso unverzichtbare Orientierungsfunktionen und Perspektiven inne, dem Schüler eine Hilfe an die Hand zu geben auf dem Wege, die Wirklichkeit für sich zu erschließen. Die im schulischen Geographieunterricht eingebettete Umwelterziehung und Umweltbildung besitzt aufgrund ihres für eine integrale Bildung unabdingbaren Instrumentariums an Inhalten und Methoden eine Schlüsselfunktion[3]. Neben der Raumverhaltenskompetenz bzw. der räumlichen Handlungskompetenz ist das ethische Raumverhalten ein übergeordnetes Ziel des Geographieunterrichtes. Beide umfassen die dringende Forderung nach der Bewahrung der Erde, nach Zukunftsfähigkeit sowie nach territorialer Identität[4].

Genau in der Bedrohtheit dieser Punkte liegen „epochal typische Strukturprobleme"[5], jene Schlüsselprobleme, mit denen es sich in der Schule im Rahmen der Umwelterziehung und

---

[1] KLAFKI, W.: „Das pädagogische Problem des Elementaren und die Theorie der kategorialen Bildung". Weinheim und Basel, ²1963. S. 298.

[2] HENZ, H.: „Bildungstheorie". Frankfurt, 1991. S. 126.

[3] Vgl. RICHTER, D. in: „Didaktik der Geographie konkret". München, 1997. S. 156.

[4] Vgl. RICHTER, D. in: „Didaktik der Geographie konkret". München, 1997. S. 150 und MINISTERIUM FÜR KULTUS UND SPORT BADEN-WÜRTTEMBERG: „I. Leitgedanken zum Kompetenzerwerb für EWG" in: „Bildungsplan für die Realschule". Stuttgart, 2004. S. 116.

[5] KLAFKI, W.: „Neue Studien zur Bildungstheorie und Didaktik". Weinheim und Basel, 1985. S. 20.

Umweltbildung zu befassen gilt! Denn welches Thema ist dringender angegangen und behandelt zu werden in einem Fach, das „Geo" – also Erde – in seinem Namen trägt, als ein ebensolches, das sich mit der Gefährdung des Geosystems befasst? Vosskuhle spricht zu Recht davon, dass „mehr und mehr sich die Bewältigung der Umweltverschmutzung als zentrale Überlebensfrage der modernen Industriegesellschaft herauskristallisiert"[6]. Die Tatsache, dass jeder einzelne Mensch an der Alteration und Zerstörung der lokalen und globalen Umwelt teilhat – ob er es denn nun begreifen möchte oder nicht – macht die Bedeutung des Stellenwertes von Umwelterziehung und Umweltbildung im Geographieunterricht mithin aus! Infolgedessen ist der Kritik Richters insofern zu widersprechen, als dass sie erklärt, die von Klafki postulierte Fragestellung der epochalen Schlüsselprobleme ginge an der Lebenswirklichkeit der Schüler vorbei[7]. Welche Thematik aber geht Schüler denn mehr an, als die, die ihre Gegenwärtigkeit und ihre Zukunft betrifft?

Es ist unbestritten, dass die Befassung mit Schlüsselproblemen nicht den Geographieunterricht erschöpfend ausfüllen kann – allein schon die Notwendigkeit, didaktisch zu reduzieren auf der einen Seite, die Stofffülle auf der anderen, stünden einer solchen Forderung im Wege. Gleichwohl kann daraus nicht die absurde Konsequenz gezogen werden, es sei all dasjenige nicht relevant, was an Schülerinteressen vorbei gehe. Jeder der sich pädagogisch betätigt weiß, wie oft das momentane kurzfristige persönliche Interesse von Kindern und Jugendlichen mit dem langfristig von allgemeiner Relevanz Seienden in Widerstreit steht.

---

[6] VOSSKUHLE, A. in: „Grundkurs Umweltrecht". Heidelberg und Berlin, 1998. S. 14.
[7] RICHTER, D. in: „Didaktik der Geographie konkret". München, 1997. S. 174.

II

Der Bildungsplan für Realschulen weist als Ziel des Geographieunterrichtes folgendes aus: „Die Schülerinnen und Schüler verhalten sich nach der Erkenntnis, dass die Lösung der globalen Schlüsselprobleme nur durch die besondere Verantwortung der Industriestaaten möglich ist. Sie setzen sich für eine Verbesserung der Umwelt, Mitwelt und Nachwelt auf der Grundlage der nachhaltigen Entwicklung und des „Eine-Welt-Denkens" im Kontext der Agenda 21 ein: global denken – lokal handeln"[8]. Insofern ist selbstredend ersichtlich, welchen Nachdruck der Umwelterziehung und Umweltbildung im Bildungsplan zukommt, geht man davon aus, dass das Ziel, Kompetenzen zu erlernen, welche die Grundlage eines globalen Denkens sein sollen, wohl als das Ziel des Geographieunterrichtes schlechthin bezeichnet werden kann. Und genau hierin liegt auch das Ziel der Umweltbildung und Umwelterziehung: es geht darum, Kompetenzen zu vermitteln, die ein nachhaltiges Verhältnis zur Mit- Um- und Nachwelt garantieren sollen.

Wie aber soll nun dieser eminente Richtungspunkt des Geographieunterrichtes in conctreto umgesetzt werden? Zunächst einmal soll klar gestellt werden, dass auch die Umwelterziehung und Umweltbildung vordringlich im Lichte des Prinzips der Exemplarität, wie es 1951 neu definiert wurde[9], stehen muss, da sich von alleine klärt, dass selbst große Probleme der Gegenwart und der Zukunft niemals zufrieden stellend im begrenzten Rahmen des fünfundvierzigminütigen Geographieunterrichtes an Schulen angegangen und behandelt werden können. Klafki spricht absolut richtig davon, sich – anhand des besonderen Inhaltes – einen elementaren Zugang zu Grundprinzipien, Gesetzmäßigkeiten, Grundeinsichten, Grunderfahrungen, Methoden und Arbeitsweisen, ergo, zum „Fundamentalen"[10] im Unterricht zu erschließen. Das aber ist – so möchte ich an dieser Stelle behaupten – der richtige Weg des Unterrichtens überhaupt, denn nur durch die Beherrschung des Fundamentalen kann ein Schüler einen Transfer leisten, wie er im Rahmen eines Kompetenzbegriffes vollkommen wünschenswert ist.

---

[8] MINISTERIUM FÜR KULTUS UND SPORT BADEN-WÜRTTEMBERG: „I. Leitgedanken zum Kompetenzerwerb für EWG" in: „Bildungsplan für die Realschule". Stuttgart, 2004. S. 117.
[9] HAUSMANN, W.: „Exemplarische Erdkundeunterricht in de Mittelschule" in: „Pädagogische Handreichungen für die Mittelschule". Paderborn, 1961. S. 11-22.
[10] KLAFKI, W.: „Didaktische Analyse als Kern der Unterrichtsvorbereitung" in: ROTH, H. et al. (Hrsg.): Didaktische Analyse. Hannover, 1964. S. 5-34.

Der Erwerb von Kompetenzen im Sinne des Bildungsplans, soll meines Dafürhaltens durch Lernzielorientierung im Geographieunterricht erfolgen. Haubrich unterscheidet hierzu drei Kategorien beziehungsweise Ebenen der Lernziele hinsichtlich einer umfassenden geographischen Erziehung[11]. Dabei konstruiert er ein Modell, in welchem die Lernziele als die Schnittmenge aus Haltungen, Kenntnisse und Fähigkeiten resultieren, wobei es mir als sinnvoll erscheinen möchte, den Begriff der Fähigkeiten noch durch den der Fertigkeiten zu ergänzen. Fertigkeiten unterscheiden sich von den Fähigkeiten insofern, als dass sie mehr als Dispositionen zum automatisierten Handlungsvollzug gedacht sind und in der Regel ohne Willenssteuerung und kognitiver Anstrengung ablaufen. Fähigkeiten dagegen sind die psychischen Prämissen, welche zum qualifizierten Handlungsvollzug führen[12]. Ohne Fertigkeiten als ein basales Element sind Fähigkeiten auf kognitiv-aktionaler Ebene im unterrichtlichen Prozess nicht erlernbar.

Lernziele können auf drei Zielklassen hin gegliedert werden. Haubrich spricht von kognitiven, affektiven und instrumentalen bzw. affirmativen Zielen[13]. Die Befunde der Lernpsychologie haben erwiesen, dass das Lernen auf allen drei Lernzielklassen ungleich dienlicher ist, als auf jeweils einer einzigen. Kirchberg bezeichnet dieses Lernen als „ganzheitlich", da dadurch der „Kopf mit dem Körper" verbunden wird und somit das Erfahrene nachhaltig verankert wird[14].

---

[11] HAUBRICH, H. in: „Didaktik der Geographie konkret". München, 1997. S. 39.
[12] SCHRÖDER, H.: Didaktisches Wörterbuch". München und Wien, ³2001. S. 108.
[13] HAUBRICH, H. in: „Didaktik der Geographie konkret". München, 1997. S. 40-42.
[14] KIRCHBERG, G. in: „Didaktik der Geographie konkret". München, 1997. S. 54.

III

Es ist den Schülern nicht zuzumuten, dass sie ad hoc über eine Befähigung verfügen sollen, die Welt in ihrer gesamten Komplexität gleichsam begreifen zu können. Wer dies von Kindern und Jugendlichen erwartet, entbehrt jeglicher pädagogischer Sachlichkeit, ja, er erwartet etwas, wozu kein Mensch in der Lage jemals sein können wird! Aus diesem Grunde sei nochmalig darauf hingewiesen, dass das oben bereits erwähnte Prinzip der Exemplarität sich auch hier das wirksamste didaktische Mittel ist. Exemplarität für globale Umweltprobleme ist den Schülern aus dieser Überlegung heraus anschaulich anhand von Beispielen aus Deutschland und Europa zu bieten. Erst wenn man dieses Fundament gelegt hat, wird es sinnvoll sein, auf entsprechende oder verwandte Problemfragen globaler Natur hinzuarbeiten.

Es ist in meinen Augen mehr noch denn unsinnig, Schülern die Zerstörung des Regenwaldes nahe bringen zu wollen, wenn man nicht zumindest in einem unmittelbar darauf folgenden beziehungsweise davor geschalteten Erarbeitungsschritt von der Zerstörung des heimischen Waldes durch saure Regenfälle oder durch Abforstung spricht. Auch hier sei der Bildungsplan zitiert: „global denken – lokal handeln"[15]! Wenn ich diese scheinbar so lapidare Formel auf metaphorische Art und Weise illustrieren darf, so möchte ich sagen: Kurzsichtigkeit hindert am Weitsehen, Weitsichtigkeit hindert am Nahsehen – das gesunde Auge aber kann beides. Somit bezeigt sich das Lernen an Beispielen aus der greifbaren Umwelt auch hier als das bewährte Mittel. Nicht vergebens ist in den „Leitgedanken zum Kompetenzerwerb" gerade diese sinnvolle Reihenfolge angegeben: „Schülerinnen und Schüler [erlangen] grundlegende [...] Handlungskompetenz unter Berücksichtigung lokaler, nationaler, europäischer und globaler Aspekte[16]. Ein „vernetztes Denken"[17] setzt voraus, dass Verknüpfungen möglich sind, da sich sonst die „Vernetzung" selbst ad absurdum führen würde.

---

[15] MINISTERIUM FÜR KULTUS UND SPORT BADEN-WÜRTTEMBERG: „I. Leitgedanken zum Kompetenzerwerb für EWG" in: „Bildungsplan für die Realschule". Stuttgart, 2004. S. 117.
[16] MINISTERIUM FÜR KULTUS UND SPORT BADEN-WÜRTTEMBERG: „I. Leitgedanken zum Kompetenzerwerb für EWG" in: „Bildungsplan für die Realschule". Stuttgart, 2004. S. 116.
[17] MINISTERIUM FÜR KULTUS UND SPORT BADEN-WÜRTTEMBERG: „I. Leitgedanken zum Kompetenzerwerb für EWG" in: „Bildungsplan für die Realschule". Stuttgart, 2004. S. 117.

IV

Eine Möglichkeit vernetzten Denkens, welche sich bei der Realisierung der Umwelterziehung und Umweltbildung und -erziehung in besonderer Weise anbietet, ist diejenige, sie in das Spannungsfeld mit der Ökonomie zu setzen. So unterstreichen die Vorgaben des Bildungsplans für Realschulen die Relation der Ökologie mit der Ökonomie in besonderem Maße. Bereits in Klasse 6 findet diese Relation Anwendung, wobei der Punkt besonders hervorzuheben ist, in welchem gefordert wird, die ökologischen Folgen für Mensch und Umwelt aufzuzeigen, die durch bestimmte Wirtschaftsweisen verursacht werden[18]. Ferner verlangt er, „bei der Beschäftigung mit dem Tourismus die Bedeutung des Reisens [zu erklären], sowie beispielhaft wirtschaftliche und ökologische Auswirkungen [anzugeben]"[19].

Nahezu Leitmotivisch taucht die Umwelterziehung und Umweltbildung auch in Klasse 8 auf, hier unter dem übergeordneten Begriff „Menschen erschließen, gestalten und gefährden ihre Umwelt"[20]. Von besonderem Interesse ist, dass hier der Begriff der Nachhaltigkeit auftaucht − der Schlüsselbegriff der Agenda 21. Als weitere Problemfelder werden Nutzung und Bedrohung ökologischer Systeme, Bevölkerungsentwicklung, Klimaveränderung und Landschaftsressourcen genannt[21].

Das Spannungsverhältnis zwischen Ökonomie und Ökologie kulminiert im Begriff der „Globalisierung", der in Klasse 10 umfassend beleuchtet wird. Hierbei ist dem in den Leitgedanken formulierte „Eine-Welt-Gedanke" besondere Bedeutung beizumessen.

---

[18] MINISTERIUM FÜR KULTUS UND SPORT BADEN-WÜRTTEMBERG: „II. Kompetenzen und Inhalte" in: „Bildungsplan für die Realschule". Stuttgart, 2004. S. 121.
[19] MINISTERIUM FÜR KULTUS UND SPORT BADEN-WÜRTTEMBERG. S. 121.
[20] MINISTERIUM FÜR KULTUS UND SPORT BADEN-WÜRTTEMBERG. S. 122.
[21] MINISTERIUM FÜR KULTUS UND SPORT BADEN-WÜRTTEMBERG. Ebenda.

V

Nachdem also ein Überblick über die Bedeutung und des Zieles der Umwelterziehung und Umweltbildung sowie über die Vorgaben des Bildungsplans gegeben worden ist, soll nun im letzten Teil dieses Aufsatzes gezeigt werden, inwieweit der oben geführte Diskurs in der konkreten Umsetzung in der Schule auftritt. Hierbei soll – auch hier der Exemplarität verpflichtet – das auf die Bedürfnisse des Bildungsplanes ausgerichtete Buch „TERRA 3" des Klett-Perthes Verlages Gotha und Stuttgart für Realschulen in Baden-Württemberg untersucht werden.

Ein Blick in die Inhaltsübersicht des Buches bietet eine rasche Möglichkeit der Beurteilung: Begriffe, wie „Raubbau am Nadelwald", „die Wüste wächst", „Erschließung und Zerstörung", „Schützen oder nachhaltig nutzen?" und „Ressourcen schonen"[22] deuten auf das Thema Umweltbildung und Umwelterziehung hin und in der Tat finden wir auf den Seiten 30 und 31 eine fundierte Instruktion über das Ausmaß der Schäden am nördlichen Nadelwald, sowie über die Forderung nach einer nachhaltigen Nutzung des Waldes. Der oben angeführten Forderung nach Exemplarität und Parallelität sowie der Forderung des Bildungsplans nach „Lokalität und Globalität"[23] wird durch den Vergleich mit der Waldrodung in Deutschland[24] Rechnung getragen. Darüber hinaus werden Ansätze aufgezeigt, wie Nachhaltigkeit tatsächlich umgesetzt werden kann, obwohl ein „Umdenken [schwer]fällt"[25].

Unter der Überschrift „Die Wüste wächst"[26] zeigen die Seiten 92 und 93 die Probleme der Sahelzone am Rande der Sahara auf. Die nahezu herausfordernde Zwischenüberschrift „Wüste hausgemacht?"[27] illustriert die Chronik dieses zunehmend der Desertifikation anheim fallenden Lebensraumes am Rande der Wüste und nennt Gründe der Alteration sowie Ansätze und Maßnahmen zur Stabilisation und eventuellen Verbesserung der Situation. Dass hier ein Vergleich zu Europa fehlt ist zu bedauern, ist die Ausbreitung der Wüsten in Spanien und Teilen der Türkei und Süditaliens – wenn auch nur in wesentlich kleinerem Rahmen als in Afrika – doch ein europäisches Problem, das in der Zukunft wohl noch manifester werden kann, sofern auch hier nicht Maßnahmen zur Stabilisierung und zum Schutz der Umwelt unternommen werden.

---

[22] GEIGER, Michael et al. (Hrsg.): „TERRA EWG 3". Gotha und Stuttgart, 2004. S. 2-3.
[23] Vgl. MINISTERIUM FÜR KULTUS UND SPORT BADEN-WÜRTTEMBERG: „I. Leitgedanken zum Kompetenzerwerb für EWG" in: „Bildungsplan für die Realschule". Stuttgart, 2004. S. 117.
[24] GEIGER, Michael et al.. S. 30.
[25] GEIGER, Michael et al.. S. 31.
[26] GEIGER, Michael et al.. S. 92
[27] GEIGER, Michael et al.. Ebenda.

Solange Kinder und Jugendliche für diese potentielle Gefahr für Europa nicht sensibilisiert werden, wird die Vorstellung eines „ganz weit weg" liegenden, kaum fassbaren und daher nicht persönlich interessanten Problems regieren.

Am Beispiel der „Erschließung und Zerstörung" Amazoniens sowie dem „Raubbau am Regenwald"[28] zeigt „TERRA 3" die Gründe und die Folgen der Agrarkolonisation im Bundesstaat Rondônia. Anhand eines konkreten Textes zu einer Bauernfamilie, die im gerodeten Urwald Subsistenzwirtschaft betreibt, wird die Schwierigkeit des Überlebens dargestellt, mit der Menschen jeden Tag zu kämpfen haben. Diskontinuierliche erläuternde Texte, dessen Interpretationsgrundlage im Fach Deutsch als Leitfach für alle anderen Fächer gelegt ist, werden der Forderung von PISA und der Vorgabe des Bildungsplans gerecht[29]. Standardsicherungsaufgaben sollen die erworbenen Inhalte prüfend festigen. Dasselbe gilt auch für das Thema des Raubbaus am tropischen Regenwald. Hier werden die ökologischen Auswirkungen wie Bodenerosion und Klimaveränderungen genannt und die Ursachen für die Zerstörung des Regenwaldes aufgezeigt.

Das Spannungsverhältnis zwischen Ökonomie und Ökologie in der Umweltbildung und Umwelterziehung in einer zusammen wachsenden und doch im gleichen Moment auseinander fallenden Welt findet auch hier seinen Niederschlag: „Holzfirmen fällen Edelhölzer für den Export in die Industrieländer. In Südostasien werden ganze Regenwaldgebiete abgeholzt. In Afrika schlägt man meist nur die wertvollen Edelholzbäume. Auch dabei gehen bis zu zwei Drittel des übrigen Waldbestandes verloren. Großgrundbesitzer lassen riesige Regenwaldgebiete abholzen, um Weideland für Rinder oder neue Anbauflächen für Plantagen zu gewinnen. [...] Zudem bedrohen gigantische Staudammprojekte, die in erster Linie der Energieerzeugung dienen, den Lebensraum von Menschen, Tieren und Pflanzen im Regenwald"[30].

---

[28] GEIGER, Michael et al. (Hrsg.): „TERRA EWG 3". Gotha und Stuttgart, 2004. S. 108-111.
[29] MINISTERIUM FÜR KULTUS UND SPORT BADEN-WÜRTTEMBERG: „I. Leitgedanken zum Kompetenzerwerb für Deutsch" in: „Bildungsplan für die Realschule". Stuttgart, 2004. S. 49.
[30] GEIGER, Michael et al. (Hrsg.): „TERRA EWG 3". Gotha und Stuttgart, 2004. S. 110-111.

VI

Wir haben gesehen, welche Bedeutung der Umweltbildung und Umwelterziehung in der Schule beizumessen ist und welche Ziele diese verfolgen muss. Anhand des Bildungsplans für die Realschule habe ich versucht, den Bogen von einer eher philosophisch-akademischen Ebene in die konkrete Realisierung in der Schule zu transferieren, um dann schließlich am Beispiel eines aktuellen Realschulbuches für den Fächerverbund Erdkunde, Wirtschaftskunde und Gemeinschaftskunde – kurz: EWG – die Realisierung der Umweltbildung und Umwelterziehung im Unterricht zu beleuchten. Was durch diesen Aufsatz bedauerlicherweise nicht geleistet werden konnte, war die Analyse einer konkreten Unterrichtsstunde zur behandelten Thematik – so musste er sich auf die theoretische Seite beschränken.

Meine Hoffnung geht dahin, dass zukünftig die Befassung mit der „zentralen Überlebensfrage der Industriegesellschaft"[31], wie Vosskuhle berechtigterweise konstatiert sowie die Bestrebungen des Geographieunterrichtes an Schulen überhaupt zu einem allgemeinen und umfänglichen Umdenken hinsichtlich einer nachdrücklicheren und vor allem zunehmend bewussten Wahrnehmung der Umwelt führen wird. Als Geographielehrern ist uns unsere Bestimmung für die Umwelt ipso jure dadurch gegeben, dass wir zu den heranwachsenden Generationen in der verantwortungsvollsten Aufgabe nach den Eltern, einem schonenden und nachhaltigen Leben in einer gesund zu erhaltenden Welt verpflichtet sind.

---

[31] VOSSKUHLE, A. in: „Grundkurs Umweltrecht". Heidelberg und Berlin, 1998. S. 14.